シニアうさぎを大切にする方法

愛しいきみの最期の瞬間まで

坂本 直子

監修 栗栖亜矢佳

游藝舎
YUGEISHA

はじめに

この本を手に取ってくださったみなさん、ありがとうございます。
ご縁あって、私は2羽のうさぎの里親になりました。
白いふわふわの毛に赤い目、甘えん坊の〝チェリー〟。
黒い毛をたなびかせ、やんちゃな暴れん坊〝にび〟。
初めて2羽を迎えたときのこと、今でもはっきり覚えています。

「この世にこんな可愛い生き物がいるなんて!!」
「私はすごい宝物を手に入れたんだ!」

そう大声で叫びまわりたいくらい、私は嬉しくて幸せだったのです。あの日から今日までそしてこれからもずっと、チェリーとにびは私たち家族に楽しさと、幸せをおくり続けてくれています。

チェリーは、甘えん坊で私と添い寝するのが大好き。仕事から帰ってくるとべったりで、私のあとをついて回るのです。「ママさえいれば他になんにもいらないもん」そんな声をいつも聞いていたような気がします。

一方にびはとにかく元気いっぱいで、「ドンッ」と後ろ足でキックしては家の中をジャンプして回るくらい活発な子。それなのに私の前ではシャイでいつもモジモジ……本当は甘えたくてしかたないのに……まさに〝ツンデレ〟なにびのいじらしさが、可愛くて可愛くてしかたありませんでした。

そんな個性的な2羽に、私はメロメロになりました。

私と、母と、チェリーとにびの暮らし。

「ずっとこんな時間が続いたらいいのに……」

そう思っていても、容赦なく時間は過ぎ、ひとつ、またひとつとチェリーとにびは年を重ねていきました。

うさぎは5年を過ぎるとシニアと呼ばれ、健康管理が大事になります。少しでも食べる量が少ない、便が小さい、少ないとなれば病院へ駆け込み、何ともなくてほっと胸をなでおろす。

牧草やペレットの質にもこだわり、水分が取りやすく、喜んで食べる野菜もあげて食欲を保つ。そうやって工夫しながら、シニアとなったチェリーとにびとの暮らしを楽しんでいました。

当時は7歳前後で亡くなる子が多い中、チェリーもにびも10歳のお誕生日を迎えてくれました。

にびとの突然の別れ。

それから始まったチェリーの介護の日々。

そしてチェリーを見送ったときのこと……。

どんなときも私にとってはかけがえのない、大事な瞬間です。

この本は、チェリーとにびがシニアになったときから、物語が始まります。

シニアうさぎとどんなふうに暮らしてきたのか。
どんな思いで2羽と向き合ってきたのか。
そして、どんな思いで看取ったのか……。
そんなことを、お伝えできたらと思います。

今もなお、愛と勇気をおくり続けてくれている
チェリーとにびに、この本を捧げます。

うさぎの可愛い集めてみました

どこもかしこも愛くるしいうさぎ。
うさぎならではの可愛い仕草
少しだけ集めてみました。

警戒心ゼロ。
ばたん！と
突然横になって
無防備に眠る姿が
毛玉みたいで
可愛い。

【 うさごろん 】

【 足ダン 】

本来は警戒や警告の意味。
ダンダン！
なにか怒ってる？
なにか言いたいことが
あるのかしら？

野生のうさぎは
遠くまで見渡せるように立つ。
おうちうさぎは
喜ぶ飼い主さんのために
立っちすることも。
姿勢がいいのがまた可愛い。

【　うたっち　】

【グルーミング】

おててを舐めて
自分で
お顔やお耳をきれいにするところ。
あんまり可愛いから
ずっと見ていたいのです。

愛しいきみの最期の瞬間まで

シニアうさぎを大切にする方法

—目次—

Chapter1 シニアうさぎを大切にする方法

Chapter 2

しあわせな介護生活

Chapter3 お別れの時、それから

装丁・本文デザイン／宮澤来美（睦実舎）
装画・本文イラスト／佐藤右志
制作協力／松本圭司（株式会社のほん）
校正／伊能朋子
編集協力／掛端 玲
編集／坂本京子

うさぎってこんな生き物です

長い耳、高いジャンプ力、愛くるしいお顔……可愛すぎる草食動物・うさぎって、どんな生き物？　改めてうさぎの魅力に迫ります。

マフ（肉垂《にくすい》）
女の子のうさぎにある脂肪でできた部分。妊娠するとここの毛を抜いて巣作りする

足
後ろ足は、瞬時に数メートルもジャンプできる。肉球はない

目
顔の横についているので、360度見渡すことができる

にび
黒い毛とピンとした耳が可愛い女の子。やんちゃだけれど、とっても恥ずかしがり屋さん

歯・鼻
歯は全部で28本、年間12㎝も伸びる。人間の10倍の嗅覚がある

チェリー

白い毛に赤い目、うさぎらしい容姿の女の子。人懐っこい甘えん坊さん

毛

二層構造になっている。定期的なグルーミングが必要

爪

前足に５本後ろ足に４本あり、人間と同じように伸び続ける

しっぽ

丸くて小さいが、嬉しい、興奮、怒るなどの感情でちょこちょこ動く

耳

レーダーの役割をし、左右別々に動かせる。体温調整の役目も

仕草でわかる
うさぎの気持ち

普段おとなしくて無表情に見えるうさぎですが、実はたくさんの仕草や行動から、うさぎの気持ちを垣間見ることができるのです。

ひねりジャンプ

機嫌がよく、とっても楽しい時。遊んでいる時などにも出る仕草

"プー"と鳴く

嬉しい時、構ってほしい時などに鼻で音を出す。マッサージの時に出すことも

香箱座り

前足を折りたたんで座っている状態。安心してリラックスしている時

ペロペロ舐める

愛情表現のひとつ。大好き、という気持ちを一生懸命伝えている時、たくさん舐めてくれる

低い姿勢

怒っているか、怖がっている時。いつでも飛びかかれるようにしている状態

うさぎの一生

7年くらいが寿命と言われてきたうさぎですが、最近は飼育環境の変化・改善により、10年を超えるうさぎも少なくないようです。

10歳〜

超シニア期

環境を
整えることが大切

7〜9歳

シニア期

食事や歯に
よく注意が必要

4〜6歳

中年期

体の変化が
起きやすいとき

Chapter 1

シニアうさぎを大切にする方法

5歳を超えて、チェリーとにびも動きがのんびりになったり、よく眠るようになったり……少しずつ老いを感じる行動が増えてきました。この章では、シニアになった2羽の過ごし方や気をつけていたことをお伝えします。

そろそろシニア？

うさぎの年齢を人間で換算すると3歳でおよそ30代半ばとなり、そこから1年に6歳ずつ年をとるといわれています。人間も50歳を超えると「腰が……」「目が……」というように、うさぎもまた不調が増えていきます。チェリーとにびも、5歳を過ぎたあたりから、季節の変わり目は体調を崩しやすくなるなど、いろいろな変化やストレスに弱くなっていくのを感じるようになりました。

うとうと……うつらうつら……眠そうなチェリーとにびを見ているだけでほっこり心があたたかくなりました。

愛らしい2羽が迎えたシニア期、愛情と愛着はさらに深まっていくばかりです。

こんな仕草が増えてきたら……

5歳頃から老いの兆しが見え始めるうさぎ。不安になることもあるかもしれませんが、よく観察して的確なケアを心がけて。

1 よく眠るようになった

起きて活動している時間が減り、よく眠るようになります。必要な眠りを妨げないようにすることが大事です。

段差を嫌がる 2

ちょっとした段差につまずくなどの症状が出てきます。筋力の衰えや、関節の痛みなどが主な要因と見られるため、段差に注意を払い、環境を整えましょう。

3 動きがゆっくりになる

うさぎはよく動く動物ですが、加齢により動きがゆっくりになり、じっとしている時間が多くなり、遊ぶことも少なくなっていきます。

4 毛づやがなくなりうすくなる

加齢により毛が細くなり、毛づやがなくなってパサつくことも。定期的なグルーミングでケアをしてあげましょう。

5 体重の変化

加齢による運動量の減少で体重が増える場合や、逆に筋肉量が落ちたり、体の不具合が起きたりして食欲が減退し体重が減る場合もあります。

6 眼の不調

視力の低下は加齢とともに見られる現象ですが、もともと聴覚や嗅覚のほうが優れているので心配しすぎることはありません。

7 聴力が弱くなる

よく聞こえていたものが聞こえにくくなることで、不安が生じることも。近づく時は匂いを嗅がせる、ゆっくりとした動作などを意識しましょう。

8 病気にかかりやすくなる

加齢により、体に不具合が出やすくなります。歯や呼吸器、心臓や腎臓などの病気にかかることも。定期的に検診を受けるようにしましょう。

休みの日は、チェリーとにびと
ゆっくり過ごせる絶好のタイム。
朝からチェリーは私にべったり。
「ママも私といるのが嬉しいでしょ！」
と言わんばかり。
それを少し離れたところで
にびが見つめます。

活発に遊ぶことは
少なくなったけれど、
一緒にいるだけで
楽しい、嬉しい、あったかい。

「シニアなんて
言ってほしくないわね、
大人の余裕っていうのよ
ヨ・ユ・ウ！」
にびがそう言っているように
聞こえます。

何もない日を楽しめる、大事に思える。
それがチェリーとにびがくれた、
もうひとつのプレゼントなのかもしれません。

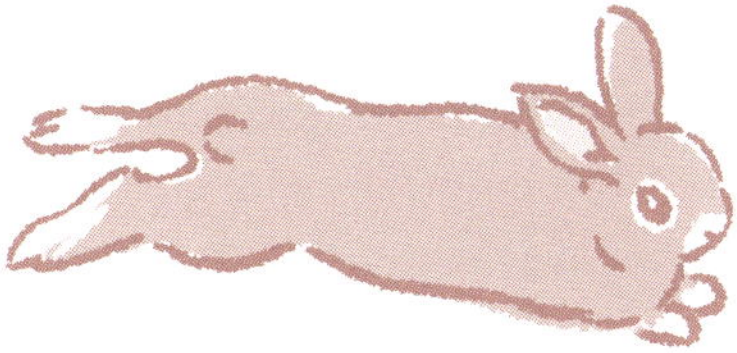

うさぎと人の年齢

個体差や、獣医師の先生によって、うさぎと人の年齢比較は異なりますが、一般的に10歳以降は超シニア期に分類されます。ひと昔前は7歳前後で亡くなってしまう子が多かったのですが、今はフードや住環境が整っていることで、13歳くらいまで長生きする子もいるようです。ただ、シニアになると段差でつまずくようになったり、体の不調があらわれやすくなるのもたしか。

人も、うさぎも同じ、ですね。そのため私は5歳を超えたあたりから、半年に1回は必ず定期健診に連れていくようにしていました。

うさぎと人の年齢くらべ

うさぎと人とでは時の流れ方が違います。
一緒にいられる時間は有限。
大切に過ごしたいですね。

人		うさぎ
2～13歳	成長期	～6カ月
20～34歳	若年期	1～3歳
40～52歳	中年期	4～6歳
58～70歳	シニア期	7～9歳
76～91歳	超シニア期	10歳～

愛するペットの老いと向き合うこと

私の周りにもペットと暮らしている人はたくさんいます。みんなそれぞれ本当に可愛く、愛おしい存在だと感じている反面、ほとんどの人が、

「この子が老いていくのが怖い」

「今、突然いなくなったらどうしよう」

と常に心のどこかで恐れているのではないでしょうか。

そう思う気持ちはよくわかります。老いていく＝死に近づくことだとみんな知っています。しかも、人と違ってたいていの場合はペットのほうが先に逝ってしまう……。

「そんなことを考えただけで涙が出てくる。考えたくない」という人もた

くさんいます。愛する気持ちが深ければ深いほど、そんなふうに思うのでしょう。

では、私はどうだったか?

この問いに対する私の答えは、「今を大切に生きることに集中する」でした。

「いつかくるお別れ」……考えてもどうにもならないことを悩むよりも、とにかく目の前の1日を大切に過ごすことに集中しました。

それは、いつかくるその日のことを考えないようにするのではなく、むしろそれを受け入れるところから始まるような気がします。

終わりを意識するからこそ、こうして一緒にいられる今この時がどんなに幸せか、気づくことができます。

今日も明日も、ともに生きていることは当たり前ではなく奇跡のようなこと。そんな素晴らしい時間を存分に味わい、心に刻みたい。

老いは積み重ねてきた時間を物語る自然な姿で、その姿は本当に愛おしいのです。

チェリーとにびの2羽を育てていくのにも、当然ですがお金がかかります。そのため、時には平日の仕事にプラスして、アルバイトをして費用を工面していたこともあります。

経済事情は人それぞれですが、命を預かる以上、必要な費用を確保することは飼い主の義務だと思うのです。ですから「大変だ」とか「つらい」と思うことはありませんでしたが、一方で一緒にいられる時間が少なくなってしまったことだけが、今も小さな心残りではあります。

私はチェリーとにびを迎える以前にも、ハムスターやインコと暮らしていました。本当にたくさんいたのでとても賑やかでしたが、楽しい年月はあっという間に過ぎ、時期を同じくして次々に老い、病気になり、そしてたくさんの看取りを経験しました。

うちにいた子たちが「生き物である以上、ひとしく老いていくもの」と教えてくれたからこそ、私はチェリーとにびが年を取っていくことも、冷静に見つめられたのかもしれません。

また、もうひとつ私が恵まれていたのは、チェリーとにびのことを話せる人が近くにいたことです。それが、チェリーとにびを最後まで診療してくださった獣医師の西村先生と、アニマルコミュニケーターの井上さんです。

2羽の体の変化をわかってくださっている西村先生がいてくれたことで、私はひとりで「2羽の老い」を抱えすぎずにいられたのだと思います。

アニマルコミュニケーターの井上さんと2羽が初めておしゃべりしたのは、9歳とシニア期まっただ中でしたが、そのおかげで、チェリーやにびが普段どんなふうに考えているのか、どんな気持ちでいるのかを知ることができたのはシニア期を過ごすうえで、精神的にプラスの作用をもたらしました。

アニマルコミュニケーションの話は後半、コラムで触れたいと思いますが、いずれにしてもペットの「老い」をひとりで抱えこむことなく、誰か話せる人をひとりでも持っておくことが大切だと感じています。

シニアうさぎのケア

シニアになったからといって、特別にお世話の仕方が変わるわけではありません。ただ、様々なストレスなどの影響に伴い、食事量が減ったり、受け付けなくなったり、「胃腸のうっ滞」（胃腸の運動が低下することをいいます）が起こりやすくなります。放っておくと命にも関わります。

うさぎは草食動物のため、「常に食べている」のが健康な状態です。そのため、食べない場合は「緊急事態」と思っておいて間違いはありません。また、うっ滞以外にもいろいろな病気にかかりやすくなっていきます。そうした前提をもとに、シニアうさぎのケアでは、次の4つには特に着目してみてください。

毎日の気配りリスト

□ こまめな体調チェック

元気はあるか、毛づやはいいか、良い状態の便がたくさん出ているか、などをチェックします。

□ 環境

お部屋の温度、湿度や安全面もこれまで以上に気を配ります。

□ 食事

牧草中心の食事は継続し、ペレットは可能であればシニア用に切り替えるのもおすすめです。お水をこまめに飲めるよう、飲みやすい容器を用意することも大切です。

□ 病院の先生との連携

シニアになると病院に行く回数も増えます。その際、いろいろなことを相談しやすく、信頼できる先生だとより安心です。病院選びにはこだわってもいいかもしれません。

for Rabbits

しあわせ　ポイント

体のチェックをかかさずに

シニアになると、グルーミングがうまくできず体が便などで汚れてしまったり、歯が伸びてよだれが出ていたり、目に異常が見られることもあります。

チェリーが斜頸（首が斜めになること）を発症したのは、5歳を過ぎたあたりでしたが、その後も体調が低迷する度に症状が出るようになりました。

少し首が傾いてる、頭がゆらゆら揺れている、そんな様子にすぐに気づいて対処することでやり過ごし、うまくつき合っていくことができました。

人間と同じで体調にも波があるため、1日1日こまめな体のチェックが大切です。

毎日のチェックと一緒に取り入れたいこと

うさぎの些細な変化にも気づけるよう、全身のチェックをするとともに「記録」を意識するようにしましょう。

1 動画や写真を撮っておく

体調の微妙な変化や、動き、排泄物などは、動画や写真に撮っておくようにしましょう。病院にかかる時、獣医師に症状が伝わりやすくなります。

2 記録・日記など

動画や写真とともに、体調や行動について、日記や記録で残しておくことが大切です。定期的な体重測定なども記録しておくとよいでしょう。

たくさん触ってチェックしよう

毎日うさぎを触って、体のチェックをしましょう。チェックしながらスキンシップにもなるので、幸せな時間を過ごせるはずです。

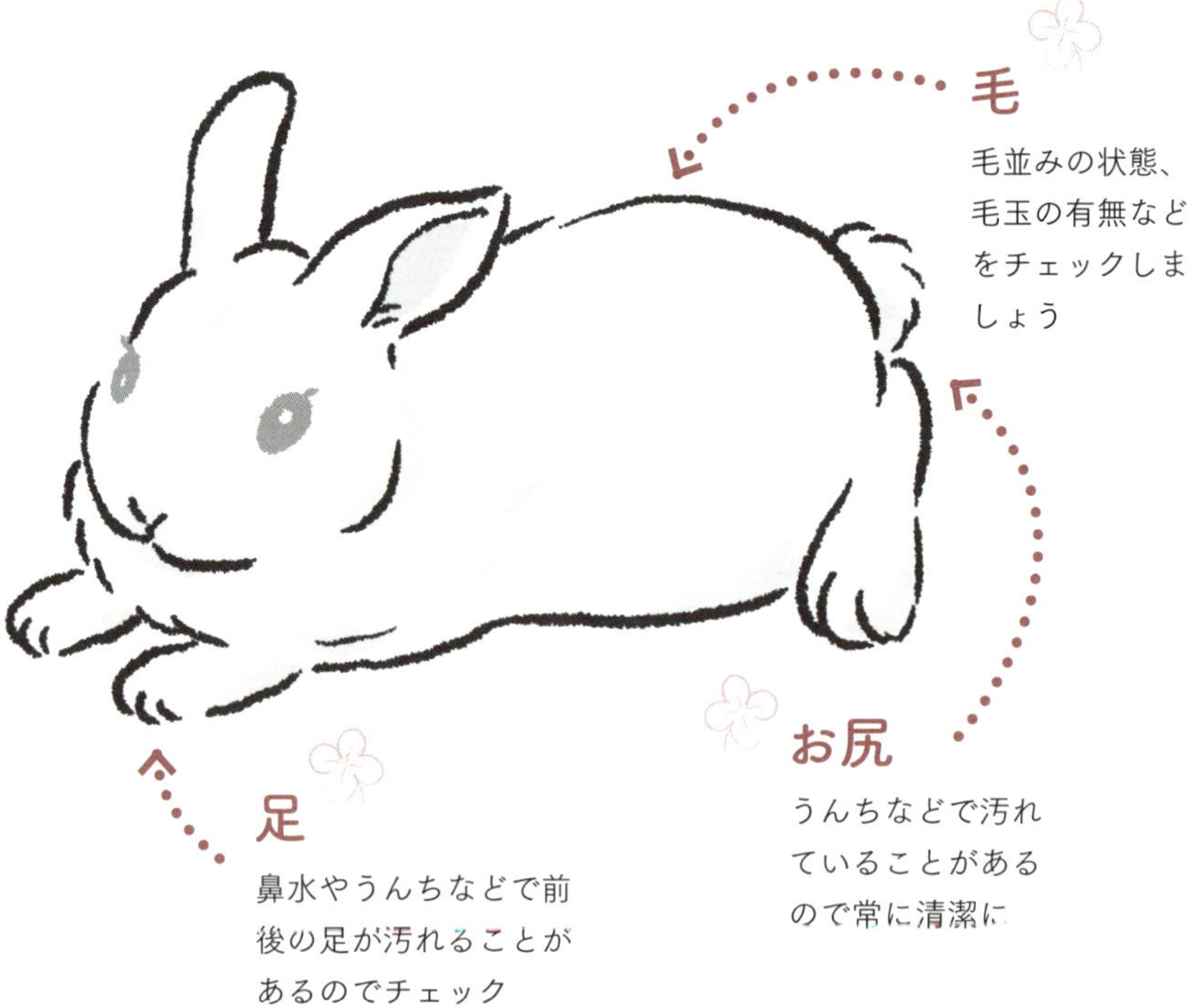

毛
毛並みの状態、毛玉の有無などをチェックしましょう
お尻
うんちなどで汚れていることがあるので常に清潔に
足
鼻水やうんちなどで前後の足が汚れることがあるのでチェック

耳

耳あかや嫌な臭い、脱毛などがないかチェックしましょう

目

涙や目やに、眼球の色や傷などをチェック

はな

鼻炎で鼻水が出ていることも

口・歯

よだれ、口臭などのチェックとともに、歯の色や長さもチェック

point

こちらも欠かさずにチェック！
・うんちの量、形、臭いなど
・おしっこの回数、色、臭いなど
・部屋の中を動くときの様子

for Rabbits

しあわせ　ポイント

体のケアをして あげましょう

体のチェックとともに、シニアうさぎは体のケアも大事になってきます。

とくに、目の周りやお尻の周りなど汚れているところは濡れたタオルで拭くなど、清潔な状態を保つようにしましょう。

また体が自由に動かせない場合は、様子を見ながらマッサージしてあげると喜びます。

触って、撫でて。ときに抱きしめて。そうやって体のケアをすると、うさぎの心も落ち着くはず。

やさしい言葉かけも忘れずに。

できないことをお手伝いするつもりで、ケアをしていきましょう。

毛づくろい

シニアうさぎの毛づくろいは、短時間で済ませるのがベスト。体のチェックをしながら、優しい声かけも忘れずに。

ブラシを使って

ブラシを嫌がる子もいるので、柔らかい素材のブラシを選びましょう。抱っこを嫌がらない子は、膝の上に乗せるとやりやすいです。

手で毛づくろい

両手に水分（水、またはグルーミング専用液など）を馴染ませて、全身を優しく撫でるようにして、背→顔・耳→お尻→お腹の順番でやってみましょう。

for Rabbits

しあわせ ポイント

Tタッチケア やってみましょう

Tタッチとは、正式名称を「テリントンTタッチ」といい、1970年代にアメリカで開発された、人を含めたすべての動物の体と心のバランスを整える手技のことを指します。ストレスを軽くさせ、リラックス効果が期待できます。

もともとは馬に向けたトレーニング方法のひとつだったそうですが、現在では犬や猫、うさぎなどにも広く用いられています。といっても、特別な道具や難しいことはありません。飼い主さんの手を使って手軽に行うことができます。

チェリーはこのTタッチが大のお気に入りで「毎日やって!」なんて声が聞こえそうなほどでした。

Tタッチのやり方

Tタッチは飼い主さんがリラックスした状態で行うのが最も大切。全身の力を抜いて、自然な呼吸を心がけながら行いましょう。

指と指の腹を使って優しく行いましょう

優しく軽く皮膚を押しながら、時計回りにくるくると円を描くように行います。

手の甲を使ったタッチ

指先を使うことで緊張して力が入ってしまうという人は、手の甲を使ってタッチしていきます。

触っていると、ふわふわ、
ほわほわ。
とろーんと
気持ちよくなってくる。

ママの手ってあったかいな。
ママのにおい、落ち着くな。

チェリーがそう言っているのが
聞こえます。

Tタッチをしていると、
不思議と私もすっごく
癒やされる。
癒やし、癒やされる、
ふたりだけの特別な時間。
私にとっても、
しあわせなときをありがとう、
チェリー。

for Rabbits

しあわせ　ポイント

しあわせなごはん

なんといっても、ごはんは元気の源！　牧草、ペレットのほか野菜の盛り合わせ、たまには果物もあげていました。チェリーもにびも「桃」には目がなかったため、桃は最強の切り札でした。

シニアになってからは、腸の調子を保つものや免疫力を高めるようなサプリメントも与えました。

それもすべて「食事を楽しんでもらう」ため。食欲があまりない時でも工夫次第でしあわせなごはんタイムにすることはできます。

シニアうさぎのごはんで心がけたいこと

日によって食欲があったりなかったり……心配も増えてきますが、楽しみながらごはんを食べてもらうための心がけをお伝えします。

1 健康をより意識して

いくつになっても、うさぎにとって大切な主食は牧草！　牧草を食べることでお腹の調子が整い、歯の伸びすぎ防止にもなります。

2 栄養バランス

ペレットは、栄養バランスを整えるのにとてもいいフード。副食として準備しましょう。食べ方を見てシニア用に変えることも検討します。

3 楽しみ

食べさせること、栄養……確かにとても大切なことですが、やっぱり食事は楽しみたい！　おやつに、野菜や果物を与えるのもおすすめです。

シニアうさぎのごはん

加齢による食欲の低下、咀嚼力の衰えなどから、今まで好んでいたフードを嫌がることもあります。体調を見ながら与えます。

牧草

固い茎もバリバリ食べていた頃に比べると、柔らかい牧草を好むようになることもあります。イネ科の牧草にも様々な種類があり、刈り取り時期によっても味や食感が異なります。いろいろ試してみて好んで食べてくれるものを探し、極力牧草を食べてくれるように努めましょう。

おやつ

果物や乾燥した野草・野菜など。クッキーや砂糖の入ったものは好ましくありません。果物は栄養もありますが、糖分が多いので少量に。りんご、ブドウ、いちご、なし、桃、キウイなどは食べても大丈夫。皮ごとあげる場合は、農薬などに注意しましょう。

ペレット

栄養面で種類も豊富なペレットは、手軽でおすすめのフードです。しかし、栄養過多で肥満の原因にもなりやすく、運動量が減る傾向になるシニア期においては、与えすぎには十分注意が必要です。ライフサイクルごとの成分を考慮した製品もありますので、シニア用のものがあればそちらに移行してもよいでしょう。

野菜

日頃から野菜を食べ慣れているのであれば毎日用意してあげましょう。牧草やペレットは食べられなくても好きな野菜なら食べることもありますし、その時の体調により特定のものを好んで食べることもあります。水分を摂ってもらえるというメリットもあります。

for Rabbits

しあわせ　ポイント

運動をできる限りしましょ

シニアになるとどうしても体が動かしづらくなるせいで、運動不足になることが増えてしまいます。

「うちの子たちに、もっとしてあげられることはないかな？」

そう思ってチャレンジしたのが外での「うさんぽ」でした。

大きなサークルを広げ、公園の芝生を歩かせると、チェリーもにびも大喜び！　気分転換になったのでしょう。とても良い表情をしていました。

「うさんぽ」は苦手な子もいますので、体調第一に考えつつ行いましょう。

シニアうさぎの運動で心がけたいこと

筋力の維持のために運動は欠かせません。遊びながら楽しみながら運動ができると最高ですね。心がけたいことをお伝えします。

1 健康維持

シニアうさぎは運動不足になりがち。肥満の原因や筋力低下につながるので、健康維持のために定期的な運動を心がけましょう。

2 老化防止

筋力が衰えると、バランスを崩したり、つまずいてケガの原因になることもあります。運動の習慣は筋力の維持につながります。

3 触れ合い時間の確保

運動は楽しく遊びながら！　がおすすめです。一緒に楽しく、たくさん触れ合える運動の時間を大切にしたいですね。

シニアうさぎと遊ぼう

うさぎの好きな遊びといえば走る、ジャンプする、かじる、穴を掘る……シニアうさぎはできることが限られますが、一緒に楽しみましょう！

1 ボール遊び

ボール遊びを好む子とそうでもない子とがいますが、もしボールに興味を持ったら、ぜひ取り入れたい遊びです。転がして追いかけるだけでも楽しめますよ。かじっても安全な素材のボールを選びましょう。
うさぎ用の藁のボールは咥えて振り回したり投げたり、そして食べることもできます。

2 うさんぽ

体調が良ければ、思い切って外で楽しむこともやってみたいところですが、無理のない範囲で！　ストレスにならないように、万全の準備を整えていきましょう。部屋の中を歩き回る「へやんぽ」でも十分いい運動になります。

3 おもちゃ遊び

食べ物を探す知育玩具でのお遊びも楽しいです。運動量はあまりありませんが、頭を使ったりにおいを嗅いだり良い刺激に。知育玩具ではなくても、木のおもちゃの隙間におやつを入れても楽しめます。

うさんぽの思い出

お弁当箱にお野菜を詰めて、
シートとサークルの
準備もOK!
さぁ、うさんぽに出発!
わくわく、ドキドキ。
さぁ、公園に到着しましたよ!
チェリー、にび、お庭とは
ちょっと違うでしょう?

ふかふかの芝生。
お日さまのにおいのする土。
風がとっても気持ちいいね。
日ざしって、
こんなにあったかいんだね。
みんなで一緒にお弁当を食べて、
うとうと少しお昼寝をして。

チェリーとにびと過ごす
うさんぽは、
ママにとっても最高！
みんなにもこの気持ちよさ、
味わってほしいな。

for Rabbits

しあわせ　ポイント

病気のサイン見逃さずに

にびが亡くなって3カ月経ったある日のこと、いつものようにチェリーを撫でていると胸のあたりに小さなしこりのようなものを見つけました。

すぐに病院に連れて行き、検査をしたところ悪性の乳腺腫瘍だということがわかりました。

先生とも相談した結果手術はせず、免疫を高めるための漢方薬やサプリメントで経過を診ていくことになりました。腫瘍以外でも、シニア期は様々な不調が見つかることがあります。

また、うさぎは嘔吐ができない動物です。毛球症や胃炎などのおそれもあるので、毎日様子を見ながら、小さな変化に気づいてあげたいもの。どんな疾患にかかりやすいのか、しっかりと頭に入れつつ、毎日チェックをしましょう。

かかりやすい疾患

シニアになると、免疫が落ちて病気にかかりやすくなることもあります。いつもと違うと感じたら、早めの受診を心がけましょう。

1 歯

歯が伸びすぎる不正咬合や、色の変色、抜けなどに注意します。歯は硬い牧草などを食べることで自然に削れますが、難しい場合は病院で定期的に削ってもらいましょう。

2 呼吸器

もともとうさぎは呼吸が浅めです。呼吸が速く動かずぐったりしている時は、肺炎など呼吸器の病気の可能性があります。また鼻炎や熱中症でも呼吸が速くなります。

3 消化器

胃腸の動きが悪くなったり止まったりする状態をうっ滞と言います。原因は不適切な食事やストレス、毛づくろいで飲み込んだ毛がお腹で塊になる（毛球症）など。うっ滞を放置するのは危険です。便の状態、食事量などいつもと違う様子が見られたらすぐに受診を。

4 皮膚

免疫力が低下し、ダニやカビなどが繁殖しやすくなります。ブラッシングと清潔な環境で防ぎましょう。また膨らみやできものなどは「腫瘤」の可能性も。疑わしい時は早めの受診を。

5 目

うさぎの目は傷つきやすいため、傷からの感染症などに注意。目やに、濁る、涙が出るなどの症状には十分注意を。白内障、角膜炎、結膜炎、鼻涙管閉塞症などの疾患が多くみられます。

6 泌尿器

尿の回数や量、色や匂いが気になるなどには注意を。尿が出ない尿道閉塞は命に関わります。尿路結石はカルシウムの摂りすぎに注意。

Column 1

バッチフラワー ホリスティック医療のこと

私が初めてバッチフラワーレメディと出会ったのは、にびの避妊手術のあとのことでした。

避妊手術を終えたにびは、帰宅してから、ご飯も水も口にせず一晩ぴくりとも動かなかったのです。「にび、大丈夫かな……」心配になった私は翌日クリニックに駆け込みました。

すると先生は、「これを時々口に垂らしてあげて」とある液体をくれました。それこそがバッチフラワーレメディだったのです。レメディを何度か口に垂らしほんの数分で、にびは何事もなかったかのように起き上がり、ボリボリと牧草を食べ始めたのです。

バッチフラワーレメディとは

英国の医師エドワード・バッチ博士によって開発された自然療法です。そもそも心と体はお互いに影響を与え合っています。心を病むと体も悪くなり、逆に心が健やかであれば病気にかかりにくくなる。レメディはこの考え方に立ち、植物が持つ「心を癒やす力」を利用して心身のバランスを整えていくのです。

レメディは薬ではありません。野生の草花や天然の湧水から作られたものなので、科学的な成分は含まれていません。副作用や習慣性もないとされているため、赤ちゃんからお年寄り、さらには妊婦や病気治療中の方、動物や植物にも使用することができます。

バッチフラワーレメディの種類

レメディには38個の種類があり、それぞれ心の状態を示す指標があります。今の気持ちに合っているものを選び使用します。緊急時用として5つのレメディを混合したレスキューレメディがあり、これも1種類として数えます。なおレメディは7種類まで同時に使うことができます。

ペットのためのバッチフラワーレメディ

3 ビーチ
嫌なことはやらない、わがままで、攻撃的、すぐ怒る。

4 セントーリー
いじめられる、少し気が弱い様子など。

6 チェリープラム
突然キレて、飼い主がコントロールできないくらいの興奮状態になる。

7 チェストナットバッド
なかなかしつけができない、同じ失敗が多い。

8 チコリー
甘えん坊で独占欲が強く、飼い主にべったりする。

10 クラブアップル
必要以上に毛づくろいをする、神経質。

14 ヘザー
寂しがり屋、誰彼かまわず注意を引こうとして騒ぐ。

15 ホリー
すぐに威嚇したり、反抗的、攻撃的になる。

17 ホーンビーム
だるそうで動きたがらない、やる気を見せない。

18 インパチェンス
性急で短気、すぐにイライラして腹を立てる。

19 ラーチ
訓練時やしつけなどで自信をつけさせる必要がある時に。

20 ミラムス
怖がりで臆病、特定のものや人を怖がる時に。

23 オリーブ
病気の時や高齢で弱っている時、疲れている様子。

25 レッドチェストナット
自分の子どもや飼い主を過度に心配する。

27 ロックウォーター
ガンコで飼い主の言うことをなかなか聞かない。

28 スクレランサス
気分によって態度を変えてしまう。車酔いの時に。

29 スターオブベツレヘム
事故や虐待などでショックを受けている、トラウマの解消に。

31 バーベイン
興奮しやすい、活発でじっとしていられない。

32 パイン
縄張り意識が強く、すぐ威嚇し威圧しようとする。

33 ウォルナット
家族構成の変化、引っ越し、旅行などの環境の変化に対応できない、去勢や避妊後に。

39 レスキューレメディ
怯えていたり、パニックを起こしている時などすぐに落ち着かせたい時に。車、病院、雷などに恐怖を覚えたりする時に。

バッチフラワーレメディの使い方

レメディを選び、飲む

38種類のレメディの中から現在の感情に適したものを選びます。選んだレメディを2滴（レスキューレメディは4滴）直接口に入れるか、飲み物に混ぜて飲みます。動物に与える場合は、飲み水に混ぜるか、ごはんやおやつに垂らすとよいでしょう。

継続的に使用する場合

トリートメントボトル（専用の褐色の瓶）に選んだレメディを2滴ずつ（レスキューレメディは4滴）入れ、ミネラルウォーターを加え、そこから4滴を1日に4回程度飲むようにします。トリートメントボトルは冷暗所で保存し3週間程度で使い切るようにしましょう。

レメディ うちの子の場合

晩年、体調に波があったときよくレメディのお世話になりました。寝てばかりで横たわっていたチェリーに、ほんの数滴与えると、気持ちが落ち着くのか、気持ちよさそうに眠ることが何度もありました。そうした様子を見ていると私も落ち着き、「チェリー、こうやってゆっくり過ごせばいいんだよね」と声をかけていた記憶があります。

薬だけに頼らない、ホリスティック医療を取り入れたことがチェリーやにびには合っていたと思います。何より私も、精神的にまいりそうなときレメディのお世話になりました。

心を落ち着かせることがこんなにも大切なんだと、レメディを通して知ることができました。教えてくださった先生にも感謝しています。

Chapter 2

しあわせな介護生活

超シニアと呼ばれる10歳を過ぎた頃から、動作が遅くなったり粗相をしたり……。そんなことが増え始めました。でも、愛情は深まるばかり……。

この章では介護生活で私が気をつけていたことをお伝えします。

甘えん坊のチェリーは
「ママ、たくさん触って！」
と言わんばかり。
チェリーの気持ちを汲みつつ、
できる限り一緒の時間をつくる。

介護は、
「お世話をする」のではなく
一緒にいる時間が何より大事
なのかもしれません。

少しずつ、少しずつ……介護生活が始まった

9歳の時、チェリーがケージの隙間に足の爪を引っかけて、ケガをしたことがありました。足を引っかけるような隙間があったことが問題で私の過失なのですが、「今までは軽く飛び越えてたのに……」とそれが老化を感じさせるきっかけとなりました。

その時のケガが尾を引き足が万全ではなくなり、10歳を過ぎるといよいよ歩きづらそうになってきました。

他にもチェリーは、

- トイレの失敗が増える
- 横になる時間が増える

- 毛づやが悪くなる
- 胃腸の不調が増える

といったことが目につくようになっていきました。

ある程度覚悟はしていましたが、「もう介護しないといけない年齢なんだな」と改めて気持ちを引き締めたのを覚えています。

介護生活においては、チェリーの様子を注意深く観察するようにしました。観察していると「この動作は問題ないな」「これは病院に連れて行ってあげたほうがいいな」というものがわかるようになります。

また、チェリーとのスキンシップの時間を増やし、「できないことが増えていっても安心してね」と声がけもするようにしました。そうすることで私自身、安心したかったのかもしれません。

介護におけるサポート

うさぎの介護においてとくに必要なのは、食事のサポート、グルーミングのサポート、環境の整備です。

体が思うように動かなかったり、どこかに不調があったりすると、食べる意欲も減少してしまうものです。チェリーは足が動かなくなっていき、だんだん歩くことが困難になっていきました。

寝そべったまま自力で食べる時もあれば、食べる気持ちが起こらない様子の時もありました。お皿に顔を持っていくのが大変そうな時は、食べ物を口元まで運んであげます。噛むことすらおっくうな感じならばペレットをふやかしたり野菜を小さく刻んだものを用意して食べさせてあげまし

た。

それでも食べてくれない場合は、シリンジを使った強制給餌をすることも必要になってきます。

グルーミングのサポートも大切です。足腰が弱ってくると、うんちやおしっこで汚れることが増えてきます。きれい好きなうさぎにとって、汚れはストレスの元。寝たきりの場合はおむつをつけるのもよいと思います。

さらに、環境にも工夫が必要になっていきます。

チェリーはほぼ歩けなくなったので、ケージもサークルもなしで、部屋の一画にマットを敷きそこに横になって過ごしました。

実際、やることが多くなりますが、私は「それだけ一緒にいる時間が増えるんだ」「お世話できて嬉しい」と思っていました。

きっとチェリーにも、私の気持ちが伝わっていたと思います。

for Rabbits

しあわせ ポイント

快適な環境づくり

一般的にうさぎはケージで飼育されることが多いですが、介護の段階では必ずしもケージにこだわらなくてもいいでしょう。飼い主さんにもうさぎにも負担のない環境を選びましょう。

ケージで過ごしている場合は、段差がなくなるようにケージの入口にスロープをつけたり、フード入れや水飲みの高さも低いものに変えたりしましょう。歩きやすい、食べやすい位置をチェックするのが大切です。

斜頸でまっすぐ歩けなかったり、目が悪かったりする場合は、ぶつかってもいいように周りにクッションを敷き詰めたり、あるいはケージをやめて布のサークルに切り替えることも検討します。

ケージ・寝床のひと工夫

活動量が減り、眠る時間が長くなったり転倒の心配もあるため、床にやわらかいクッションや座布団マットを敷くのがおすすめです。

寝たきりになった場合は、床ずれ防止にタオルやU字クッションなどで体圧を分散させるとよい

ケージの入り口にスロープを設置する場合は、傾斜をキツくしないように

for Rabbits

しあわせ　ポイント

ごはんのこと

介護生活の中でもやっぱりごはんは楽しみな時間のはず。

それでも、動くのが困難だったり、噛むのが大変だったり様々な不調で食べる気力が出ないこともあります。

そんな時はお手伝いしてあげましょう。

うんと甘えさせてあげましょう。

手で食べさせてあげたり、細かく刻んであげたり。

チェリーはスプーンであ～んしてあげると、嬉しそうによく食べたのです。

手をかけてあげることが、食べてほしいと思う気持ちが、生きる力になるのだと感じます。

体調を見ながら ごはんの用意

介護状態になると体調に目まぐるしい変化が起こることもあります。量や内容は、体調を見ながら判断することが大切です。

1 食欲は？

食欲はうさぎの体調をわかりやすく知らせてくれます。好物を与えてみたり、食べやすく工夫することで食欲アップにつながるので、様子を見ながら準備しましょう。

2 咀しゃく、排便の様子は？

歯の異常や、胃腸の様子がおかしい時も、食欲不振になることがあります。日頃から咀しゃくの様子や排尿、排便のチェックを習慣に。

シニアうさぎのごはんメモ

牧草

最も食べてほしいもの。種類を変えていろいろ試してみるなどして極力食べさせる。

- チモシーの他、イタリアンライグラス、オーツヘイ……など他の種類
- 生牧草
- 一番刈りよりやわらかい二番刈り、三番刈りにしてみる

ペレット

そのまま食べなければふやかして口に運ぶ、シリンジで口に入れるなどの手段がある。ただしやわらかい食事ばかり与えると歯が伸びすぎるおそれもあり。

野菜

食べなれた子は比較的好んで食べる。種類が豊富なのでいろいろ試せる。ただし、食べなれない子や、食べたことのない野菜は難しいことが多い（チェリーは野菜を一番好んで食べた。夏場は特に）。細かく刻んで食べさせたり、ミキサーでピューレ状にしてシリンジであげることもできる。カルシウムの多い野菜は与えすぎに注意。

果物

これを主食にするのはあまり好ましくないが、食欲のない時の突破口になる可能性がある。

シリンジ食の与え方

食欲不振や消化不良などの時に、シリンジで強制給餌をすることがあります。ストレスになることもあるので、注意しながら行います。

用意するもの

シリンジ・うさぎ用強制給餌用フード・水適量・バスタオル（保定用）

❶ シリンジに粉末状のフードをぬるま湯でふやかす。フードの固さは、うさぎの状態や好みで変えるとよい

❷ 正面からではなく、斜め45度くらいから入れる。優しく声かけをしながら……

1日4～6回程度に分けて与えるのがコツ。一度にあげるのではなく、数回に分けて、少しずつでも食べてもらえるようにしましょう。

for Rabbits

しあわせ　ポイント

歯のこと

うさぎの歯は一生伸び続ける常生歯。上あごには2本の大切歯（1年に10〜12cmも伸びます）があり、裏側には2本の小さな歯があります。奥にある臼歯で草をすりつぶして食べます。なかなか噛み切れない硬さの牧草を食べることによって、前歯も奥歯も削られ、一定の長さを保つことが可能です。ペレットばかり食べていると、歯をうまくすり減らすことができず、どんどん伸びる「不正咬合」になってしまうことも。超シニアになると、特に牧草は食べづらいものになってきます。それでも、できる限り食べて歯の状態を保ってほしい！　たとえ食べなくても諦めることなく、毎日新鮮なごはんをひととおり用意すること。それがとっても大事なことのように思います。

歯のトラブル

歯にトラブルが起こると、食欲に関係したり、口の中を傷つけたりすることもあります。まめにチェックしましょう。

不正咬合について

遺伝なども原因のひとつである不正咬合ですが、老化によって歯の噛み合わせが悪くなって起こることもあります。不正咬合が起こると歯は伸び続け、物をうまく噛めず歯が口の中に刺さり痛いので、食欲が低下し、よだれが増えます。獣医さんに定期的に歯を削ってもらう必要があります。

よだれが出る時は
奥歯の過長歯の疑
いもあるのでよく
見てあげましょう

そのほかの歯のトラブル

歯が抜けるトラブルがあります。原因は様々ですが、歯根に腫瘍ができることも原因のひとつです。

for Rabbits

しあわせ　ポイント

快適に過ごしてもらうためのおしものお世話

体の自由が利かなくなり始めると体が丸められず、盲腸便（自分のうんち）が食べられなくなります。お尻が汚れることも増え、さらに寝たきり状態になると常にそうなります。うさぎは水が苦手なので、家でうさぎを洗うことは難しいとされてきましたが、最近は手順や方法さえ守れば、問題ないとされています。チェリーは毎日お尻洗いをしました。

うさぎは体温調節が苦手なため、濡れると冷えてしまいがちです。暖かい場所で短時間で行うこと、できれば2人体制が望ましいです。何度か洗っているうちにうさぎも慣れてきますが、中にはどうしてもお尻洗いが難しい子もいます。その場合、濡れタオルで汚れた部分を拭いてあげるようにしましょう。

お尻のチェック

毎日チェックしたいのが、お尻。うんちやおしっこで汚れたままにするのは、きれい好きのうさぎにはストレスになることも。

お尻のチェックの仕方

日々まめなチェックを心がけたいところですが、お尻のチェックを嫌がる子もいます。

様子を見ながら、仰向けにしたり、突っ伏した状態でお尻だけあげてみたり……ストレスにならないよう、声かけをしながら行いましょう。

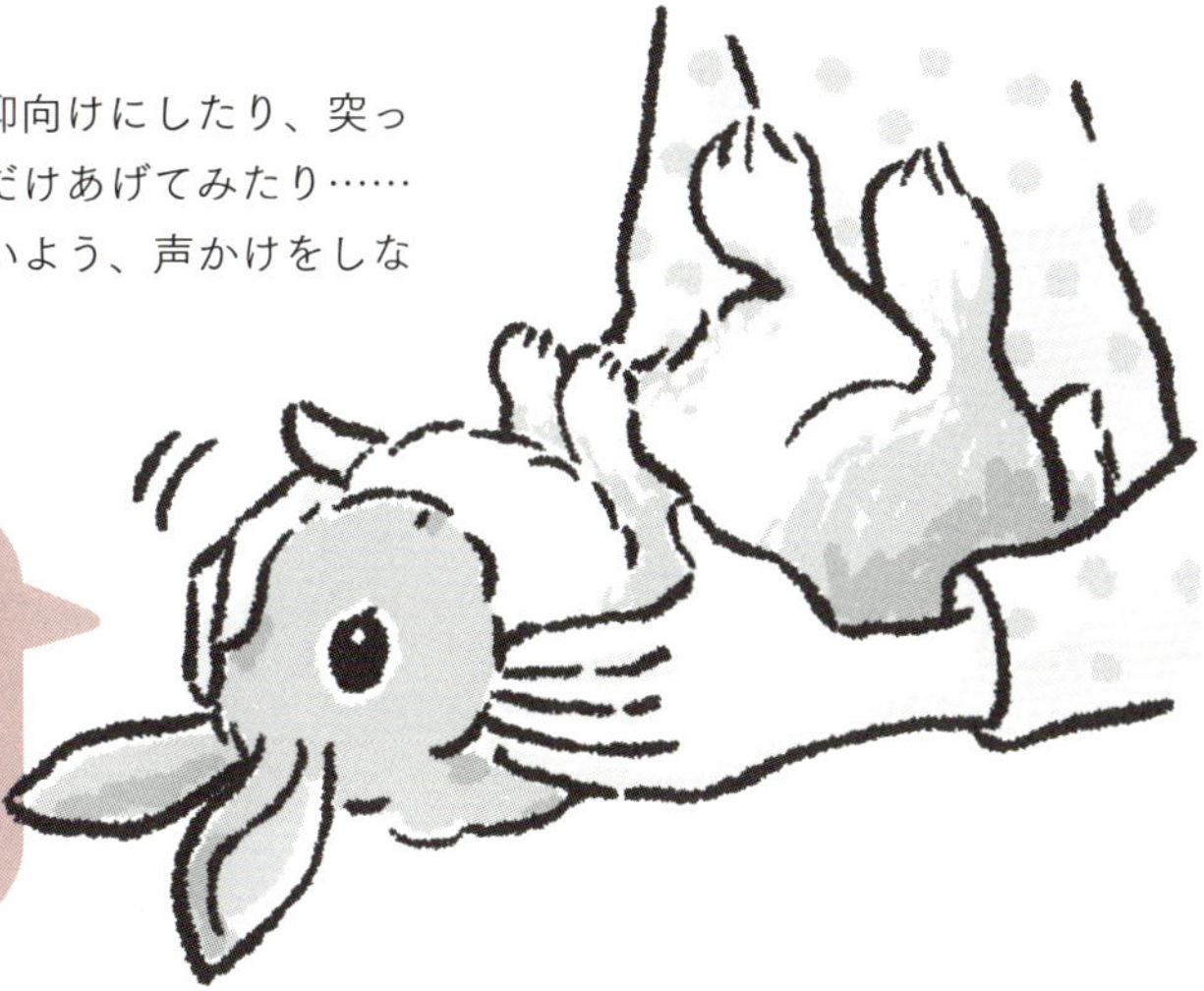

うさぎは仰向けにすると動けなくなる習性が。爪切りや薬を与える時は仰向けにしてあげると暴れません。

お尻洗いの方法

お尻の洗い方にはコツがあります。どうしても嫌がる子もいるので、様子を見ながらストレスにならないよう行いましょう。

1　ブラッシング

ブラッシングします。とくにお尻の部分は念入りにとかします。ブラシはうさぎが好むものを選びます。

2 お湯をためる

お風呂場で、洗面器に人肌より少しだけあったかいと感じるお湯（38～40℃）をためます。

3 洗う

うさぎ抱っこ（お尻を包みこむように抱っこ）をして、汚れの付いたお尻だけを洗います。この時、体全体を濡らさないようにします。

4 ドライヤー

タオルで十分に水気をとり、弱風のドライヤーで乾かします。湿気が残ると皮膚病の原因になります。火傷しないように離れた場所からドライヤーを当てましょう。

for Rabbits

しあわせ ポイント

大切にしたい心のこと

シニアになり、ましてや介護状態になってくると、どうしても若くて元気だったころのことを思い出して悲しくなったり、憂鬱になったりしてしまうもの。

だけど覚えておいてください。
うさぎに限らず動物はみな「今を一生懸命生きている」ということ。
「今を快適にしてあげる」ことが動物にとっては何よりも嬉しいのです。

今を快適にするということの中には「心を穏やかに保ってあげる」ことも含まれます。

愛を伝える大切さ

できていたことができなくなるなど、寂しさを感じる瞬間もあるかもしれません。だからこそ大切にしたい心のこと。

触って声をかけて。「大好き」を伝える

ついつい体の様子ばかりが気になってしまいがちですが、メンタルケアも大切にしたい。

うさぎはとても感情豊かな動物です。

飼い主さんの心の機微に、敏感に反応します。

ちょっとしたトラブルにも、あまり慌てないこともまた、大切です。

体が思うように動かせなくても、不調が見られても、優しく触って声をかけて、あなたの「大好き」を伝えるようにしましょう。

シニアうさぎとの穏やかな時間は、かけがえのないものになるはずです。

私たちにできること

チェリーのお世話をせっせとする毎日。少しでも体調が悪いと、

「今日は仕事に行かずに看病していたい……」

「仕事よりも、今は一緒にいることが何よりも優先されるのでは……」

そんなことをよく考えていました。


しかし一方で病院代やフード代、介護にかかるグッズの費用などを捻出しなくてはいけません。普段の生活費だってかかります。

それに、当時私は転職したばかりの身でした。ずっと諦めていた自分の夢を叶えるため、会社を退職し歩き始めたばかり。簡単に休める状況ではなく、ものすごく頑張らなければならない時期でした。大事なことが重なってしまったのです。

何度も葛藤した末、緊急事態でない限り、私は「仕事に行く」ことを選ぶと決めました。どちらが大事か比べたのではなく、「私は私の人生を精一杯生きていかなければならない」そう思ったからです。そしてそれこそが、いつ終わってしまうのかもわからないこの日々を無理なく続けていけるやり方なのだと思ったからです。

何よりチェリーとにびが、「ママ、一緒にいる時間の長さだけが幸せじゃないのよ。ママはママのことを頑張って！」と応援してくれていたような気がするのです。

もちろん母と同居していたり、妹家族が近くにいたりしてサポートしてもらえる環境があったことも大きいです。いざという時は託して出かけることになります。もしかしたら最期の瞬間に一緒にいられないかもしれません。でも、重要なのはそこだけではないと思っています。

その分私たちはずっと密度の濃い時間を過ごしてきたのですから。

それでもいざ、2羽がいなくなると後悔は残ります。「ほんとうによかったのだろうか」「もっとああすればよかったんじゃないか」「もっとできたことはあったんじゃないか」でもそのたびに、写真の向こうから「ママ、それは言いっこなしよ。私たち十分幸せだったんだからね!」と励まされます。

愛する家族がいなくなっても、私たちができること。

それは毎日をまた続けていくこと。それが一番大事なのかもしれません。

Column 2

2羽との出会い

にびとチェリーとの出会いは、様々な偶然が重なったうえでの出来事でした。

いつも通り会社で仕事をしていたときのことです。「誰か〜……いませんか〜？」という声がしたのです。いったい何だろうと思って部屋の外に出てみると、「他社で使われていた実験用のうさぎの引き取り手を探している」とのこと。

昔から「うさぎを飼いたい」と思っていた私。「私！　飼います！」と手を挙げたところ、トントン拍子に話が進み、メスのうさぎを2羽もらうことになったのです。私はまだ顔も見ていないのに名前を付け、我が家に来るのを今か今かと、心待ちにしていました。

しかし、しばらく経った頃です。なんと、直前で会社の方針が変わり、里親募集は中止になってしまったのです。2羽のメスうさぎと暮らす光景をすでに思い描いていた私はがっかり。「すごく楽しみにしてたのよ」と友達に話すくらいショックだったのです。

それから少しして事情を知る別の友達から連絡がありました。「ネットを見ていたらうさぎの里親募集があって。私、行こうかなと思ってるんだけど一緒に行かない?」と誘ってくれたのです。私は「行く!」と2つ返事をして、翌週さっそく保護している方のお宅へと出向きました。小さくてまんまるとした子うさぎは、もだえるほど可愛いものでした。

最初に決めた子、それがにびでした。だけどその子はまだ小さくて確実にメスと判断できなかったのです。「できればメスがいいな」と思っていた私の話を聞いていた保護の方が、それなら「この子はどう?」と発育がよく、ほぼメスで間違いないだろう子をすすめてくれたのです。それがチェリーでした。だけど私は、最初に決めた子をやめて、「この子にします」とはもうできませんでした。最初に決めた時点ですでに手放せなくなっていたのです。

「それなら2羽ともください！」

こうして私は、2つの宝物を手に入れたのでした。

Chapter 3

お別れの時、それから

私たちより早く一生を終え、新たな世界に旅立つ動物たち。
にびは10歳のお誕生日の5日後に、チェリーは11歳で旅立っていきました。
この章では2羽がどんな最期を送ったのか、お伝えしたいと思います。

うさぎを看取る

これまでもハムスターや鳥、犬など多くの動物を飼い、それぞれ看取ってきた私でしたが、チェリーとにびには、特別な思いがありました。

うさぎの魅力は想像をはるかに超え、すっかり虜になってしまった私は、「彼女たちなしの生活は考えられない！」。

そうやって10年暮らしてきたのですから。

「1日でも長く一緒にいたい」と思う気持ちも人一倍ありました。

しかし時間は確実に進んでいき、7歳、8歳、9歳と、お誕生日を無事迎えられることの喜びが年々大きくなっていったのは、終わりの日をいつもどこかで感じるようになっていたからかもしれません。

改めて最期のときを振り返ってみて、思うことが2つあります。

ひとつは、「病気も、老いも、亡くなるその時までのすべてがその子の個性であり、生涯なのだ」ということです。

にびはもともととても活発で、私にまとわりついて撫でられてばかりいるチェリーとは違いよく動く子でした。そのせいか足腰はしっかりしていて若々しく見える反面、肝臓に不安があるなど内側はちょっと心配な面がありました。だからこそ定期的な検査をしてうまくコントロールしていたつもりでしたが……。

容体が急変したのは、10歳のお誕生日を迎える少し前。肝臓の機能が大きく落ちているとのことで、かなり危険な状態だったのです。

「にび、一緒に10歳のお誕生日迎えようよ!」その私の思いが通じたのか、にびはなんとか持ち直し、チェリーとにびの10歳のバースデーパーティを楽しく開催することができたのです。しかしその5日後。にびは「お先に行くわね」とばかり、息を引き取りました。

チェリーは10歳を超えた頃から斜頸の症状が頻繁に見られるようになり、足の動きもおぼつかないことが増えてきました。さらに、私がチェリーの体をマッサージしていたときのこと、乳腺の部分にしこりを発見したのです。

「まさか……」と思いましたが予感は的中し、腫瘍ができていることがわかりました。しかし、年齢や体力のことを考えると手術という選択肢は厳しい。先生とも相談し、サプリメントや音響療法で様子を見ていくことにしました。チェリーはそれから1年をかけて、ゆっくりゆっくりと旅立ちの準備を進めていったのです。

ぎりぎりまで元気にふるまい、みんなの願いを叶えて、さっと旅立ったにび。とことんお世話をさせてくれて、覚悟を持つ時間をくれたチェリー。旅立ちのときでさえも「個性」がある。最期の瞬間まで自分らしく生き抜く、それぞれの生涯のすべてを尊重したいと思いました。

にび亡き後、介護生活の中で、チェリーにはもうひとつ大切なことを教えてもらいました。

「心配することより、楽しく過ごすことのほうが大事」

チェリーに腫瘍が見つかり、寝たきりになってから私は「にびのように、チェリーもすぐいなくなってしまうんじゃないか」という不安に襲われました。

しかしそのたびに目の前にいるチェリーを見つめては、

「チェリーは今このときも私のそばで生きている」

「大切なのは、体がつらくないこと、美味しくごはんが食べられること、そして楽しみがあることだ」

と考えを切り替えるようにしていました。

きっとその気持ちがチェリーにも伝わったのでしょう。チェリーは亡くなる少し前までごはんを楽しみにしていました。私もまた不安に支配されることなく、チェリーと過ごせたことで、その後、あの日々は大事な思い出に変わっていきました。

天使になったにび

家族みんなで盛大にお祝いした、チェリーとにびの10歳のバースデー。近所の畑からもらってきた山盛りのニンジンの葉っぱや、柔らかい牧草を美味しそうに食べていました。

バースデーケーキに立てた10本のろうそくを吹き消すと、にびは満足そうにその様子を見つめていました。欲しがっていたまつぼっくりをあげると、「ありがとう!」と言わんばかりに、そのあと自分のケージに大事そうに持って帰っていったのです。

楽しかったバースデーパーティの翌日から、にびは調子が悪くなっていきました。亡くなる前夜、食欲もなく元気のないにび。翌朝にはもう、にびは立つこともできませんでした。「にび、大丈夫?……」抱き上げると、あまりの軽さに胸を突かれました。

そしてそのとき、わかったのです。お別れがもうそこまで迫っている。先生に相談しようと電話をかけると、先生は「こんな処置もできる。だけど、病院に来る間に亡くなってしまうかもしれません」という話をしてくださいました。

それなら、にびが10年間過ごしたこの家で看取ってやりたい。私は病院に行かない選択をして、母とチェリーと私の3人でにびに付き添いました。

何度も何度もたしかめるようににびを撫でて。何度も何度も「ありがとう」と声をかけて。

そうしてにびは「キー、キー」と2回甲高い声を上げて、息を引き取ったのです。

にび、ありがとうね。
本当はもっと一緒にいたかったよ。

私の最後の言葉は声になりませんでした。
にびがいなくなったあと、
部屋はいちだんと広く感じました。

にびがいなくなってから、チェリーも母も、にびのことばかりを考えていたのでしょう。

「ねえ、ママ、にびの気配は感じるのに姿は見えないよ。どうして？」
「チェリー、にびはね、天国に行っちゃったから姿が見えないんだよ」
「なーんだ、そうなの……」

当時の私は、後悔の気持ちでいっぱいでした。

「もっとにびを甘えさせてあげたかった」

「お気に入りのうさんぽの場所を見つけて、お出かけするつもりだったのに」

もっと、

もっと……。

後悔と悲しみの中にいた私でしたが、写真の中のにびは「ママ、私幸せだったんだからね」と励ましてくれていたような気がします。

1日1日を大切に生きる

にびとのお別れ時間があまりにも短かったこともあり、チェリーには「できる限り寄り添ってあげたい」という思いが強くなりました。

夜は必ず一緒に布団に入って添い寝をしたり、お出かけ前には行ってきますのキスをしたり。

もともと甘えん坊で、愛情表現が豊かなチェリー。Tタッチも大好きで、よく私におねだりしていました。

心配だった腫瘍も悪さをすることなく、上手にコントロールができていたのです。

にびが亡くなってから9カ月後の2013年5月には、3回目となるうさんぽにも出かけることができました。

ふかふかの芝生をハーネスを付けて歩いたり、外の空気を吸いながらおやつを食べたり、チェリーもひさびさのうさんぽに大満足。

チェリーとの思い出のひとつひとつが、私にとっても大きな支えとなりました。

この頃から、月に1回程度アニマルコミュニケーションでチェリーが本当はどうしてほしいのか、どんなことを思っているのか、こまめに希望を聞くようにしていました（アニマルコミュニケーションの詳しいお話はのちほど……）。

コミュニケーターさん曰く「チェリーちゃんはおしゃべりで、自分の意思をハッキリ伝えてくれますよ」。実際私も、そのアドバイスを頼りに向き合っていると、チェリーの気持ちや行動がなんとなくわかるようになっていました。

これが、最期のときの決断につながっていくのです。

最期のときを迎える

6月は自分で動けていたチェリーでしたが、7月に入ると後ろ足をほとんど動かせなくなり、歩くこともままならなくなりました。

お尻は常に汚れ、目や耳にも不調が増えていったのです。それでも食欲があり、気力はまだまだ十分！　といった感じでした。

その状態を続けるためには、毎週の通院とサプリメントが必要です。

私は「チェリーの命が1日でも長くいられるためなら」と仕事にも精力的に取り組んでいました。

今考えてみると、体調が悪くなってきたチェリーを前に少し動揺があったのでしょう。

「まだお別れのときは近くない」「この先何年も一緒にいられるんだか

ら」そう自分に言い聞かせていたのかもしれません。

しかし、チェリーの体は日ごとに弱っていったのです。

そんな中で迎えた11歳のバースデー。プレゼントをもらい、喜ぶチェリーの姿がそこにありました。


9月後半。

いよいよチェリーは動くことができなくなり、1日を寝たきりで過ごすようになりました。お尻は洗うのがおいつかないほど汚れ、いよいよオムツをしたほうがいいのか……。

そんな状況を知っていた友達から、私はある言葉を投げかけられました。

「ねえ、どうしてそこまでするの？　動くこともできないのに、かえって命を長引かせるなんてかわいそう」

友達の言葉にはっとしました。今まで迷いもなくやってきたけれど、それは本当に正しかったのだろうか？

今チェリーにしていることは、私の自己満足なのではないだろうか？

チェリーの気持ちも考えずにやっているだけではないだろうか？


ある晩、チェリーにこう問いかけました。

「ねえチェリー、もう治療はやめたい？」

そう問いかけても答えはありません。

ただ、私を見つめるばかりのチェリー。

でも何かを言いたげなことだけはわかりました。


迷いながら通院を続けていたある日のこと。

たまたまいつもお世話になっているコミュニケーターさんに、病院で遭遇したのです。

すると「さかもとさん、チェリーちゃんが話しかけてきたのでお伝えしてもいいですか？」と突然声をかけられました。

「はい……？」

「私は元気だから大丈夫！　これまでと幸せ度はまったく変わってないから！　チェリーちゃん、私にそう伝えてきました」

きっとコミュニケーターさんはいきなりチェリーにそう言われて訳がわからなかったと思います。

だけど私にははっきりわかりました。

チェリーは私の問いかけに、「1秒でも一緒にいたい」という私の気持ちに、こたえてくれたのです。

チェリー、ありがとう。

もう迷わないね。ママが決めた治療のことも、受け入れてくれたんだね。

世界中の誰が反対しても、もう迷わないよ、チェリー。

それから私は通院も、サプリメントも、Tタッチも、チェリーがつらくない程度に続けていったのです。

旅立ちのとき

最期の夜。

私が用事を済ませて帰宅すると、チェリーは母と妹と一緒に静かに待っていました。

夜になり、ごはんをあげるけれど何も食べません。いつもはふやかしたペレットをスプーンで口まで持っていってあげれば少しは食べるのですが、まったく受け付けません。野菜も、果物も、大好きだったおやつも、何もかも。

とりあえず投薬だけでもと思いシリンジで口に入れますが、嫌がる素振りもなく口の中にチューっと入るのに、飲み込む様子もありません。

口からこぼれることもなく、どこかに消えてしまったかのようになんの手応えもないのです。

嫌な予感でいっぱいになった私は、「何か食べてよ！　薬だけでもちゃんと飲んで！」厳しい口調でそう叫びました。

なのにチェリーは妙に落ち着いた表情をしていて、じっと私を見つめているのです。

「何？　何かしてほしいの？」そう聞いても私にはわかりません。

撫でてほしいの？　そう思い手を伸ばすとすっと頭を動かして避けます。いよいよ混乱した私は、チェリーの写真を撮ってコミュニケーターさんに送りました。

「緊急なんです。チェリーがなんて言っているのか聞いてもらえませんか？」お願い、気づいて！　でも、その日のうちにお返事が来ることはありませんでした。どうしよう。もうどうしていいかわからない……。

やっとのことでひとつ思いつきました。

そうだ、こんな時こそレメディを使おう。

チェリーが生きる意欲を取り戻すような、食欲がわくような、元気が出るようなレメディはどれだろう？

そうしてあれこれ考えているうちに、気づきました。ちがう、レメディが必要なのはチェリーじゃない。チェリーはこんなにいい表情をしているじゃないか。レメディが必要なのは私のほうなんだ。

私は、コップに水を入れ、そこにレスキューレメディを4滴垂らしました。それをゆっくりと一口、少しおいてまた一口……。

すると間もなく頭の中が急に静かになりました。

暴風で荒れ狂っていた湖面がピタッと静まり、青く美しい湖に澄んだ朝が訪れたような、そんな風景が頭の中に浮かびました。その湖のほとりでたたずむ私の中に、とても冷静にある考えが浮かんでくるのです。

チェリーは、

明日の朝にはもう旅立つんだね。

だからもう、ゴハンはいらないね。薬もいらないね。

もうお別れの時が来るんだね。
ああ、そうなんだね。
チェリーがしたいこと、わかったよ。

私はすぐに布団を敷いてチェリーを枕の横のいつもの場所に寝かせました。そして自分も布団に入ります。すると、動けないチェリーが体をよじらせ反動をつけて必死で私の腕の中に入ってきました。私はチェリーを抱きしめ、撫でて、頬ずりをし、キスをしました。

チェリーが毎晩楽しみにしていた添い寝の時間、
いつも疲れててすぐに眠ってしまっていたけど、
今日はゆっくりしようね。
一緒に過ごしてきた時間、本当に楽しかったね。
ありがとう。
ほんとにありがとう。

たくさんお話をしました。
チェリーを抱きしめながら、
幸せで幸せでどうしようもない気持ちでいっぱいになりました。

もうこれが最後なのに、明日の今頃はもうチェリーはいないのに、今のこの瞬間は喜びに満ちあふれ、私たちを包むのです。

しばらくそんな時を過ごしたあと、チェリーは私の感触を確かめるように鼻でツンツンと私の体を辿りながら向きを変え、背中合わせになり寝てしまいました。

私も少しうとうとしました。夢を見ていた気がします。

どんな夢だったのかは思い出せませんが、夢の中ではっとすることがあり、私は目を覚ましました。

チェリーの様子を見ると、呼吸が早くなっていました。

時計は午前4時過ぎ、その時がきました。

私はチェリーを腕で囲い撫でながらまた話しかけます。

ありがとう。
ありがとう。
チェリー、大好きだよ……。

うさぎは最期の瞬間にキーっと大きな声を上げます。にびもそうでした。でもチェリーのその声はあまりにも弱々しく途切れ途切れで聞きとれないほどでした。最後の最後の瞬間まで生き抜いた、生き抜いてくれたのです。

本当は家族みんなで見送ってあげればよかったのかもしれません。

でも、どうしてもふたりきりで過ごしたかったの。ごめんねチェリー。
にび、近くまで来てるんでしょう？
寂しくないようにチェリーを連れていってあげてね。
私はだいじょうぶ。
だいじょうぶだから……。

姿は見えなくても、存在は消えない。
チェリーとにびへの愛は消えない。
もっともっと深くなっていく。

あなたたちに会えてよかった。
しあわせをありがとう。
ずっとずっと愛してるよ。

ペットロス

にび、チェリーを続けて亡くしたことで、私の中にはぽっかりとした穴が空いたようでした。

「ああ、もうあの子たちの柔らかい毛並みには触れないんだ」

「あの子たちの匂いがもう感じられなくなってしまうんだ」

11年、うさぎと一緒に過ごしてきた私からは考えられない生活が始まるのです。そのことが怖くてたまりませんでした。

しかし、それでも夜寝て、朝起きれば1日が始まるのです。いつも通り仕事に行って、日中はまだ始めたばかりの慣れない仕事に必死で、その間だけは無心になれる時間です。

一緒にうさんぽをした公園。

美味しそうに食べていた生野菜。

ふたりとも大好きだった桃……。

ふと気づくと、生活のあちこちにチェリーとにびの存在を感じるのです。

「ああ、そうね。今は姿が見えないだけで、過ごした日々も、その存在も消えることはないんだもんね」

1日1日過ごすことは同時に、そんな答え合わせの日々でもありました。


それでもいきなり気持ちが切り替えられたわけではありません。

その頃の私の心の支えは、チェリーとにびの声を聞きにアニマルコミュニケーションに行くことでした。「またママに会いに行く！」そんな言葉を聞いてしまうと居ても立ってもいられず、ネットの里親サイトなどを見るようになっていました。でも、「きっと生まれ変わりに出会えるはず」そう思って探すのに、どうしてもピンとこないのです。

次第に見るのに疲れ、私はうさぎ探しも辞めてしまいました。
そして改めて気づいたのです。

「悲しい、つらい、耐えられない時期は当たり前に来ること。それが今なんだ。だけどここを乗り越えたら必ず〝ああ、楽しかったな〟と思えるはず」と。

そう気づいてからは、「気持ちを切り替えよう」とか「立ち直ろう」とするのではなく、流れのままに、気持ちに逆らわないように過ごすことを意識しました。

「生まれ変わってくるかもしれない。探さなきゃ、探さなきゃ……」
そんな気持ちもいつしか消えていました。会うべき時がきたらちゃんと会える。何もしなくても会えるはず、そう信じられるようになったからです。

それは、もしかしたら今世ではないのかもしれない。
遠い先のことかもしれません。

でも、それでも大丈夫って思えるのです。
それもきっと、全力でお世話できたから。
決して切れることのない絆を結んだから。
そして、悲しみもつらさも全部流れのままに受けとめたから。
私はそう、感じています。

Column 3

アニマルコミュニケーションについて

本書でもたびたび登場するアニマルコミュニケーターの井上さん。チェリーやにびの気持ちや、好きな食べ物、２羽から私への要望（笑）など、様々なことを聞いてくださいました。

アニマルコミュニケーションとは、動物たちの魂とテレパシーで交信する方法です。テレパシーと聞くと何か特殊能力のように思われるかもしれませんが、そうではなく、本来生き物に備わっていた能力であり、動物たちはそれを使って意思疎通をしているのではないかと考えられています。

そんな気がした、予感がする、胸騒ぎがする……私たちにも名残りがあります。言葉に頼るあまり退化してしまったその能力を鍛え、使えるように訓練したのがアニマルコミュニケーターさん。私はそんなふうに捉えています。

動物も人間と一緒でおしゃべりな子もいれば、無口でシャイな子もいるのだとか。それでいくと、チェリーはハキハキと自分のしたいこと、やりたいことを話せる活発な性格でした。

一方にびは、無口ではないけれど、一歩引いて私とチェリーのおしゃべりを聞いている、そんな一面を持っていました（あんなにアクティブに動き回っていたのに！）。

2羽が天国に旅立った後も、アニマルコミュニケーションは続きました。アニマルコミュニケーションをしているときは、普段過ごすのとまた違って、「女子会」のような雰囲気になるんです（笑）。なにより、人間の言葉は話せないけれど、動物たちはこんなにも多くのことを私たちに語りかけてくれているんだ、と感じさせてくれたものです。

私たちにとって、アニマルコミュニケーションは生活をより楽しいものにし、絆を深めてくれた素晴らしい経験でした。

おわりに

どんなにつらいことがあった日も、部屋に帰ればチェリーとにびがいる。その体に触れるだけで、怒りも悲しみも疑う心も、いやな感情は一瞬でさらさらと流れていって、気持ちはふわっと軽くなるのです。

「ありがとう」と「愛してる」を何万回言っても伝えきれません。

どんなに心をこめてお世話をしても返しきれないくらいです。

だから、一緒にいられる時間は全力で向き合い、一緒にいられない時間も快適に過ごしてもらえるよう全力で取り組みました。

お別れの時は必ず来るから、時間の長さは変えられませんが、密度を

変えることはできます。小さな命をたくさん見送ってきた私が、たどり着いた答えです。

「最期のときは神様が決めたこと、誰も悪くない」

これはアニマルコミュニケーションでにびが伝えてくれたメッセージです。最期の瞬間に立ち会えなかったり、治療の選択を間違えたのではないかと考えたり、飼い主はみんな後悔するものです。でも大丈夫、誰も悪くないんです。

そして、覚悟はしていても、その時を迎えたら心は大きく乱れます。どうしよう、何もしてあげられない、そんなふうにパニックになったときは思い出してください。まだできることがあります。

そばにいること、声をかけること、体に触れること。

なんの知識も道具もいらない。

でも、あなたにしかできないことです。

老いは寂しい、お別れはつらい。だけどそこだけに捉われないで、出会えた奇跡や一緒に過ごせた幸せをもっともっと喜んで楽しんでほしい、そう願っています。

最後になりましたが、医療監修をお引き受けくださった栗栖亜矢佳先生、本当にありがとうございました。そしてこの企画を立ち上げ、笑いあり涙ありの打ち合わせを重ね、ここまで導いてくださった游藝舎の皆様はじめ、制作に携わってくださったすべての皆様に心から感謝申し上げます。可愛らしいデザインに心躍り、佐藤右志さんの描くチェリーとにびには、また会えた！　という想いで胸がいっぱいになりました。

本書が、皆様の迷いや悲しみに、少しでも寄り添えたなら幸いです。

令和7年4月　**坂本直子**

著者プロフィール

坂本直子《さかもと なおこ》

日本獣医生命科学大学動物化学科卒業
愛玩動物飼養管理士１級、ドッグトレーナー、バッチ財団登録プラクティショナー
大学卒業後、動物薬の製薬会社に勤務。その後は化粧品の研究開発、人薬の品質保証などにも従事。2002年に縁あってチェリーとにびの里親になる。もっと動物と触れ合い、動物のためになる仕事がしたいという子どもの頃からの夢を諦めきれず、ドッグトレーナースクールで学び、2012年当時勤務していた製薬会社を退職し、犬の保育園プレセアのオープンに携わる。仔犬のお預かりとトレーニング、飼い主へのしつけ教室、バッチフラワーレメディのコンサルなどを担当。その後約10年勤務した犬の保育園を2022年に退職。フリーの出張トレーナー、ペットシッターとなり現在に至る。

本作品は『うちの子の気持ち vol.1 ～ 5』
（さかもとなおこ著　ちぇりにび屋刊）を
加筆修正・再編成したものです。

著者の活動はこちらへ

医療監修：栗栖亜矢佳（獣医師）

両国高校、麻布大学獣医学部卒業。北海道十勝にて1400坪の広々した敷地にドックラン、カフェ、トリミングサロンを備えた「すずらん動物病院」を開院。趣味はライブ観戦、ディズニー、ゴルフ、旅行、気球、フラメンコ。

すずらん動物病院
HP

栗栖亜矢佳
OFFICIAL HP

［ 参考文献 ］

- 『ウサギの看取りガイド　増補改訂版』　田向健一（監修）
  エクスナレッジ　2023年
- 『うさぎのための最高のお世話』　澤田浩気（著）、森山標子（イラスト）
  新星出版社　2024年
- 『うちのうさぎの老いじたく
  愛うさとさいごの日まで幸せに暮らすための提案』　うさぎの時間編集部（編集）
  誠文堂新光社　2018年
- 『うさぎ介護の知恵袋 うさ飼いによるうさ飼いのためのお守り帳』　ポレポレ美（著）、寺園宏達（監修）
  実業之日本社　2023年

愛しいきみの最期の瞬間まで

シニアうさぎを大切にする方法

2025年4月24日　初版第１刷発行

著　　者　坂本 直子
監　　修　栗栖 亜矢佳
発 行 所　株式会社 游藝舎
東京都渋谷区神宮前二丁目 28-4
TEL：03-6721-1714
FAX：03-4496-6061

印刷・製本　中央精版印刷株式会社

ISBN 978-4-911362-10-5　C2045